"十二五"上海重点图书
"纳米改变世界"青少年科普丛书
本书出版由上海科普图书创作出版专项资助

纳米科学

纳米医学
纳米测量学
纳米电子学
纳米机械学
纳米生物学
纳米化学
纳米材料学
纳米物理学

Nano Science

韦传和 / 编写

华东理工大学出版社
EAST CHINA UNIVERSITY OF SCIENCE AND TECHNOLOGY PRESS

·上海·

U0395499

纳米改变世界 20

纳米的未来 42

纳米技术的起源

纳米是什么?

你知道纳米是什么吗?有人说纳米就和袁隆平院士研究出的杂交水稻是一回事,也是种出来吃的。看到这,大家肯定在笑了。为什么呢?因为纳米并不是能吃的米,它和我们平时吃的大米、小米、玉米等完全不是一回事。那么纳米到底是什么呢?其实它不是什么物质,它只是一个长度单位,就像"米""厘米"一样,只不过纳米太小了,只有一米的十亿分之一,所以我们的肉眼是看不到纳米大小的物质的。

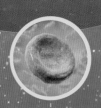

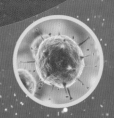

原子	水分子	DNA	红细胞	细胞	森林
10^{-10}米	10^{-9}米	10^{-8}米	2×10^{-7}米	10^{-6}米	

我们周围
庞大的
物质世界

高山	海洋	月球 3.47×10^6米	地球 1.27×10^7米	太阳系 10^9米	银河系 10^{20}米

观 世 界　　　　　　宇 观 世 界

纳米技术的源头

纳米到底小到什么程度呢？如果从1米开始算起：

| 1米 (m) | = | 1000毫米 (mm) ； |

| 1毫米 (mm) | = | 1000微米 (μm) ； |

| 1微米 (μm) | = | 1000纳米 (nm) ， |

也就是说：

| 1米 (m) | = | 10亿纳米 (nm) |

为了能更形象地告诉大家，纳米到底有多小，我们可以这样比喻：好比一根头发丝的直径大约为0.05毫米，也就是5万纳米，把它平均剖成5万根，每根的直径就约为1纳米。又好比10个氢原子排成一排的宽度约为1纳米；1个水分子的直径约为1纳米。

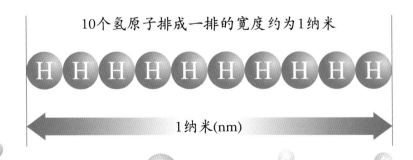

10个氢原子排成一排的宽度约为1纳米

1纳米(nm)

伟大的量子物理学家爱因斯坦（A.Einstein），早在1905年就估计出一个糖分子的直径约为1纳米，首次将纳米与分子的大小联系起来，成为一个世纪后发展起来的纳米技术的源头。

阿尔伯特·爱因斯坦
（A . Einstein）

纳米技术的鼻祖，是他把我们带进了神奇的纳米世界。

知识链接

继爱因斯坦之后到1959年，美国物理学家费曼（Richaid Feynman）在美国加州理工学院召开的物理学会会议上作了一次富有想象力的演说《最底层大有发展空间》。他说倘若我们能按意愿操纵一个一个原子，将会出现什么样的奇迹？我想谈的是关于操纵和控制原子尺度上的物质的问题。这方面大有发展的潜力，可以采用切实可行的方式进一步缩小器件的尺寸。费曼的预言就像一道闪电照亮了纳米世界的大门。

大自然中的纳米

　　自然界中，纳米材料和它的形成过程早已存在，只是先前人们不认识而已。科学家在对新材料的研究制作中发现了纳米世界。与此同时，大家又逐渐认识到，其实自然界中早就存在具有神奇功能的天然纳米物质。

　　在地球的漫长演化过程中，在自然界的生物中，存在着许多通过纳米结构形成的纳米物质。纳米物质在我们生活当中并不陌生：从亭亭玉立的荷花、丑陋的蜘蛛，到诡异的海星，从飞舞的蜜蜂、水面的水蝇，到海中的贝壳，从绚丽的蝴蝶、巴掌大的壁虎，到显微镜才能看得到的细菌……个个都是身怀多项纳米技艺的高手。它们通过精湛的纳米技艺，或赖以糊口，或赖以御敌，一代一代，顽强地存活着。

　　科学家们对这些自然界中的纳米技术非常着迷，不断研究着它们，人类科学的疆界在这里向远方延伸。

　　大自然真是无处不存在神奇的纳米世界啊！

9

美丽的荷花，
出淤泥而不染

荷叶的表面上生长着许多微小的乳突，大小约为10微米，平均间距为12微米，而每个乳突上长着许多直径为200纳米的绒毛。荷叶的表面结构可认为是天然的纳米结构，水滴在荷叶上面滚来滚去然后就把灰尘带走了，因此起到了疏水保洁的作用，人们从中受到启发研究保洁的纺织品。

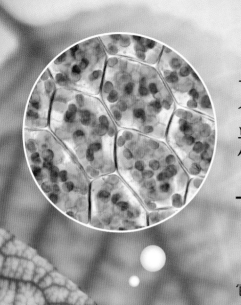

太阳能制造粮食的分子机器——叶绿体

植物叶子中的叶绿体是植物细胞里的纳米粒子，它能利用太阳能将二氧化碳和水转化成储存能量的有机物，并释放出氧气。根瘤菌是伴生在豆科植物根部的纳米粒子，它能合成蛋白质。构成生命要素之一的核糖核酸蛋白质复合体也是纳米结构。细胞中所有的酶都是完成独特任务的"纳米机器"，它们在微观世界中能精确制造物质。

叶绿体是利用太阳能制造粮食的分子机器，模仿叶绿体制造的纳米机器人将可能直接利用太阳能制造食物而创造新概念农业。动物细胞中也有一部分类似的机器叫作线粒体，它是从食物中提取热能的能手。模仿线粒体制造的纳米机器人将可能为医学的发展做出重要贡献，因为人们已经发现线粒体与衰老、运动疲劳以及很多与衰老相伴而生的疾病如糖尿病、帕金森氏病等有很紧密的联系。

候鸟超强的方向感

候鸟如大雁、燕子等冬天飞往南方，春暖花开时又飞回故里，它们为什么不迷失方向，靠什么辨别方向的呢？原来它们的身体里有一种纳米级的磁性微粒，能起到指南针的作用。

小海龟环游大西洋
成了航海家

　　大海龟在大西洋东海岸旁的佛罗里达产卵，刚长大的小海龟为寻找食物需要游到位于大西洋另一侧靠近英国的近海生活，然后再回到佛罗里达，整个过程共花费5~6年的时间，行程几万里，不愧为一个小航海家。那么小海龟是靠什么领航的呢？原来是因为它的头部有磁性纳米粒子，起到罗盘的作用，这样小海龟就一路有了指引回到了家。

螃蟹为什么横行霸道？

　　人们常比喻一个人和螃蟹一样横行霸道，将螃蟹作为横行霸道的样板，其实螃蟹的祖先和其他节肢类动物一样，曾经也是可以前后爬行的，因为后来地球的磁场发生多次倒转，螃蟹体内的磁性纳米粒子就失去了定向作用，从而使螃蟹的爬行变成了横行。

飞檐走壁的大力士
——壁虎

  壁虎是一种身体扁平、四肢短小、夜行的爬行动物，也叫蝎虎。全世界共有20个品种，我国有8种。壁虎的特点是能在平滑的墙壁或玻璃上快速爬行。科学家经过研究揭开了壁虎这种特异功能的奥秘。壁虎的四趾底部长着数百万根极细的刚毛，这些刚毛长度仅1毫米左右，而每根刚毛末端又有一千多根更细的顶部呈刮铲状的分支毛，直径和毛间距离都仅有几百纳米，这些细微的结构使壁虎的脚趾与墙壁贴得很紧而产生了一种分子吸引力，科学家称之为范德瓦尔斯力。

天才的纺织能手
——蜘蛛

　　小蜘蛛的大肚子里藏着一种奇特的黏稠液体，叫丝蛋白。蜘蛛靠腿的协作从尾部的吐丝器抽出具有黏性能保湿又有弹性的细丝织成的网，悬挂在树木或草丛中，蜘蛛就躲在树枝上或草丛中，一旦小飞虫闯入它的罗网中，就再插翅难逃，越是挣扎越会牵动蛛网振动就越被牢牢困住。因为蜘蛛无论躲在哪里，它的一只脚始终都牵着网上的一根蛛丝，只要蛛网振动它就知道猎物已自投罗网，它会尽快赶到现场快速吐丝将猎物紧紧绑住，然后注入毒汁将猎物麻醉致昏，再慢慢享用美味。聪明的蜘蛛就是这样守株待兔地过着它休闲的生活。

蜘蛛丝的奥秘

　　蜘蛛丝的奥秘是被美国加利福尼亚大学的科学家揭开的，蜘蛛丝含有丰富的蛋白质和能杀灭细菌的物质以及能保湿的吡咯烷酮，所以有杀菌防霉的功能。它不是一根直线，而是像纳米级细度的弹簧一样，我们拉伸它时它能反弹回去，强度是同样直径的钢丝的5倍。大自然中这种现象很少，所以我们的科学家就苦苦研究蛛丝的特性，利用这种特性研制人造蛛丝防弹衣，制作航空航天上用的高级材料，还可以制作医院的外科手术常用的缝合线材料，真可谓用途广泛啊。

转基因技术——山羊乳中的蜘蛛丝

蜘蛛的基因

山羊细胞DNA

蜘蛛丝蛋白

　　美国陆军和加拿大的Nenia公司联手采用转基因的方法将蜘蛛的基因植入山羊的细胞DNA中，培育出能在乳汁中分泌蜘蛛丝蛋白的新品种山羊，这样就能使大规模生产蛛丝蛋白——"生物钢材"（Biosteel）变为现实。它能用来制造防弹衣、航空航天和汽车制造工业的新型材料。

名贵的徽墨

　　我国安徽省出产的著名徽墨，主要原料是烟凝结成的黑灰，在凝结的初期就会有看不见的很细的纳米级颗粒。人们把从烟道里扫出的黑灰与树胶、少量香料及水分制成徽墨，非常名贵。制墨时所用的黑灰越细，写在纸上的吸附力就越强，墨的保色时间越长，写出来的字质感越好。

能吃的救命土
——硅藻土

　　在历史上常听说大灾荒粮食颗粒无收时期，人们为了活命常用野菜和一种名叫观音土（硅藻土）的泥土来充饥维持生命。硅藻土是一种什么样的物质呢？为什么人吃了能活命呢？原来硅藻土含有一种叫硅藻的单细胞生物，因地质环境的变化硅藻被沉到水底或被埋到地下，变成了地质学上所称的生物沉积岩，其中含有少量的蛋白质和碳水化合物，所以能在短期内维持人的生命。硅藻土的结构是由很多细微的小孔组成，小孔的直径为20～100纳米，因此可以说它是一种天然的纳米材料，可作为成本最低的城市和工厂污水处理的材料。

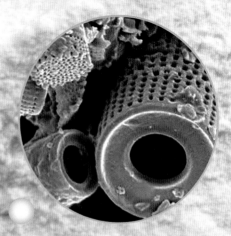

硅藻土的内部结构

纳米改变世界

　　纳米技术是一门以现代先进科学技术为基础的技术，是20世纪80年代末期诞生的用原子和分子创造新物质的高新技术，研究尺寸范围在0.1~100nm物质的组成和结构。它代表着今后人类科学技术发展的趋势，也将成为现代高科技和新兴学科发展的基础。它将为人类创造许多新物质、新材料和新机器，彻底改变现代工农业生产状况，给人类带来第三次工业革命。

　　有人称纳米是新大陆，也有人称它是小人国，实际上纳米就是科学家们孜孜不倦地探索着的微观世界。这里的物质的性质都发生了奇妙的变化：当出去游玩穿上纳米防晒衣后，妈妈再也不用担心孩子被紫外线伤害了；打不破的陶瓷可以制造汽车发动机；纳米的衣服能防霉杀菌；飞机穿上了隐身衣就能躲避雷达的侦察……纳米技术真是既神奇又美妙，它可将我们的世界变得越来越美好！

知识链接

　　1982年德国物理学家博士葛·宾尼（Gerd Binning）和罗雷尔（Rohrer）发明了可以直接观察物质表面原子及其排列状态的扫描隧道显微镜（STM），从此人类拥有了打开神秘的纳米世界的金钥匙。他们也因此获得了1986年的诺贝尔物理学奖。

纳米技术之树

知识链接

纳米世界的一切神奇现象无论是物理现象还是化学现象都与量子隧道效应、量子能级效应、小尺寸效应、表面效应以及从量变到质变的普遍规律相关，这些也是科学家研究微观世界所取得的成就。

纳米技术像一棵大树，它的根生长在现代科学和现代技术的沃土中，根深、枝粗、叶茂，能结出硕大的果实：如纳米材料学、纳米生物学、纳米电子学、纳米医学、纳米物理学、纳米化学、纳米机械学、纳米测量学等。

纳米医学

纳米测量学

纳米电子学

纳米机械学

纳米生物学

纳米化学

纳米材料学

纳米物理学

纳米技术

计算机技术　显微技术　核分析技术　量子力学　分子生物学　微电子技术

纳米抗紫外线

　　太阳光辐射到地球表面的紫外线会对人体和其他生物产生危害，使人的皮肤变黑、老化、产生红斑，长期照射会导致皮肤癌。现在科学家利用纳米二氧化钛制成防晒霜和纺织品服装，可以反射和散射紫外线或吸收紫外线，从而有效地保护人的皮肤不受损害，降低了皮肤癌的发病率。

未来上太空的梯子

未来50年，美国科学家可能建造出太空电梯，它的关键部分是一根距地球表面将近100000千米的缆绳。地球上的一端选择在太平洋中部某地方的基站，而太空上的一端将连接到一个绕地球轨道运行的卫星上以做平衡锤，它本身的离心力将能够使缆绳绷紧，从而让飞行器等运载工具能够上下运行。在大洋中建造一个漂浮的平台，这个平台的选择地点非常重要，必须满足几个关键条件：

选择暴风雨和雷电海浪较小的海域

避开飞机航线和卫星轨道的空域

采用特制的材料作缆绳

从目前的各种缆绳材质的特性来看，只有碳纳米管能够满足设计要求。碳纳米管是一种由碳原子组成的无缝、中空管体材料，其侧面由六边形的碳环组成，分单壁、多壁两种。强度是同样直径钢丝的100倍，密度仅是钢丝的六分之一。因此碳纳米管是构建太空天梯的首选材料。

纳米塑料胜钢铁

科学家研究出可以代替钢铁、铝材、铜材等金属材料的纳米塑料，可以应用在建筑、造船、宇航和军事等领域。有些材料的耐磨程度比黄铜要高20多倍，是钢铁的7倍，可见，纳米塑料的性能是绝不输给钢铁的。

中国科学院研究人员经过十多年的研究，利用我国盛产的天然矿产纳米级蒙脱土（其主要成分为二氧化硅和三氧化二铝），并选用塑料的原料聚酰胺、聚乙烯、聚苯乙烯、环氧树脂以及硅橡胶作为基材生产出纳米塑料，强度比钢铁更坚硬，密度仅为钢铁的四分之一。

打不破的纳米陶瓷

陶瓷在中国的历史悠久，我们的祖先大约在9000年前就开始研制瓷器，家家户户都使用瓷器。从吃饭的碗盘到插花的花瓶，不仅是生活用品也是艺术品，是中华文化的瑰宝，对人类文明的发展做出了巨大的贡献。科学家研制出了纳米陶瓷，它掉在地上不会碎，因为它有韧性和弹性，而且能导电，坚固耐磨，它能经得起2760℃高温的考验，比不锈钢更好，能应用于汽车发动机和宇宙飞船，也能用作人造骨关节。

纳米
陶瓷灯

纳米纺织品

当纳米科技刚刚得到推广应用，我国的科研人员便首先研制成了纳米纺织品。在纺织品上涂上纳米氧化物粉体材料如三氧化二铝（Al_2O_3）制成的服装能防止紫外线对人体的损害；涂上氧化锌（ZnO）可以防止静电的产生；加入纳米二氧化钛（TiO_2）或纳米氧化铜（CuO）能抗菌除臭；加入纳米氧化铁（Fe_2O_3）可以防止电磁波辐射。

这些纳米纺织品能防霉、防臭、防紫外线、防电磁波、防辐射。另外，由于其疏油疏水所以还不易被弄脏。水、油等污渍泼到纳米领带、纳米国旗和纳米衣料上就像水倒在荷叶上一样仅仅只留下几滴水珠或油珠，用餐巾纸一擦就消失不见了，不留痕迹，让人们省去了大量的清洁工时，并减少了经济开支。

知识链接

我国的国旗制造

我国的国旗制造经历了棉布、电力纺、涤纶绸时代，现在首创制成了纳米国旗，是防水防尘、耐紫外线的第四代国旗，国际奥运委员会对此也很感兴趣。此旗帜经专家鉴定防水指标由原先的1级上升为5级，防油指标由0级上升为6级。

在纺织品上涂上纳米氧化物粉体材料	三氧化二铝（Al_2O_3）	氧化锌（ZnO）	二氧化钛或氧化铜（TiO_2）（CuO）	氧化铁（Fe_2O_3）
所达到的效果	防紫外线	防静电	抗菌除臭	防电磁波

纳米改变我们的
联络方式

随着现代计算机和通信技术的高速发展，我们进入了信息化时代。20世纪最后一项诺贝尔物理学奖颁给了微电子技术的研究者Alterov和Kroemer。

当芯片的制造已到达极限、无法再提高，也就意味着计算机的体积不能再小了，存储容量也不能再增大了，计算机的速度也无法再提高了。微电子技术的发展到了山穷水尽疑无路的境地，可是纳米技术的出现特别是扫描隧道显微镜的研制成功使得微电子技术的发展有了可能，纳米技术的出现使微电子技术柳暗花明又一村了！

知识链接

摩尔定律

年轻的科学家戈登·摩尔（Gordon Moore）是美国仙童半导体公司研究部主任，也是全球最大的计算机制造商英特尔（Intel）公司的创始人，在1975—1979年任总裁。在1965年根据计算机芯片发展趋势提出一个重要的预测，他认为每隔18个月新芯片晶体管的容量将比原来的增加一倍，同时性能也提升一倍，这就是著名的摩尔定律（Moore's Law），后来从1971年到2001年30年发展的实际情况证明了摩尔定律是正确的。

微电子技术的发展阶段	电子管	半导体晶体管	纳米尺度单电子晶体管	分子尺度单电子晶体管

纳米推动计算机
走出新路子

　　电脑技术将从微电子技术发展成分子计算机、光子计算机、生物计算机和量子计算机。纳米技术的发展给计算机技术带来了一场翻天覆地的革命。

知识链接

计算机芯片发展30年

　　英特尔公司自1971年发布第一颗计算机芯片以来，至今已经更新换代十几次，芯片的电子特性和集成度在不断的更新换代过程中得到大幅度的提高。例如：1971年，英特尔的4004芯片，时速为108kHz，内有晶体管2300个，制程精度（最小线宽）为10μm；1999年英特尔的Pentium Ⅲ芯片（奔腾Ⅲ芯片），时速高达1GHz，在面积为217mm^{2}的芯片内有晶体管2800万个，制程精度为0.18μm；2001年发布的最新Pentium Ⅳ芯片时钟速度高达1.7GHz，面积降低到116mm^2，内有晶体管数超过了4200万个，制程精度为0.13μm。

　　30年来计算机芯片的运行速度和集成度都提高了约13000倍，制程精度从10μm缩小到了0.13μm（130nm），光刻精度提高了约76倍。原子力显微镜（AFM）的出现实现了在硅晶体上刻制10nm的细线，使芯片的制作有了一个新的飞跃。

纳米发电机

人类常利用以下几种方式发电：以天然矿物煤、石油、天然气作能源的火力发电；以水库蓄水和海浪作能源的水力发电；以风作能源的风力发电。另外，利用原子核能发电已成为重要的能源发展方向。同时，由于太阳能是一种绿色能源，目前世界各国都在大力开发光伏发电。

会发电的老鼠

纳米技术的出现使人类利用纳米技术发电，这是一种高新技术能源。我国著名的材料科学家王中林教授和他的研究小组发明了第一台纳米发电机。它的原理是采用一根缠绕细微刚毛的金属电极插入一个刚性外壳内装有弹性氧化锌（ZnO）纳米线的锭子中，锭子在机械力的作用下能发出电来，电压仅有0.2伏特。这种纳米发电机体积很小，把它装在一件小马甲上让小老鼠穿上放在笼式跑步机中，小老鼠不停地跑步就能发电了。如果把这种微小的发电机植入老鼠的腹部膈膜肌上，老鼠呼吸产生的机械力就能发出电来。将来，纳米发电机可应用于人体内的心脏起搏器或血糖仪上，这是一种理想的电源。

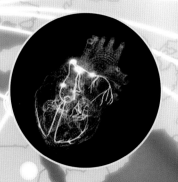

纳米发电机，
心脏跳动即可发电

纳米磁性微粒的神奇作用

　　磁性是物质的基本属性，磁性材料是一种用途广泛的功能材料，在动物的身体里有一种纳米磁性微粒能起到导航作用。我国四大发明之一的指南针，就说明人类很早就知道运用磁性材料。

　　德国柏林医疗中心将铁氧体纳米粒子用葡萄糖分子包裹配制成注射液注入肿瘤部位，癌细胞吞噬养分时就将该磁性粒子拉向自己身边，这时只要启动患者体外的交变感应电流开关，磁性纳米颗粒就可升温至47℃，这么高的温度足以杀死癌细胞，而人体的正常细胞则不受影响。纳米磁性颗粒起到了杀灭癌细胞的神奇作用。

　　磁性纳米材料可以用于各种变压器、磁性开关和磁感应器上，也可以用于高速旋转的轴封、润滑剂、扬声器、阻尼器和宇航火箭加速器及发电机上，还可以用在氟利昂食品制冷设备上，精细陶瓷、塑料制品和涂料等领域也有广泛的应用。

纳米磁盘

纳米技术保障人的生命

20世纪80年代扫描隧道显微镜和原子力显微镜的发明，使生物学家如虎添翼，能够看到纳米级的生物分子及其细微结构了。纳米科技把人类从传统的生物学提升到纳米生物学高新技术层面，到2003年人类基因研究计划完成了99.9%的人类基因图谱，破解了人体天书，解开了人类遗传基因的黑匣子，初步掌握了人类基因的全部信息。纳米技术为疾病诊断、新药研制和分子医学的发展开辟了道路。

纳米科学可显著改善医疗环境。例如，当人们面临患癌症等痛苦时，能利用纳米先进技术缓解病痛；纳米机器人可完全控制体内显微手术，减轻患者的痛苦，并减少经济开支；而科学家研制的纳米特效药品则可以更有效地消灭肿瘤细胞和病毒。总之纳米技术将带给医学领域一场前所未有的技术革命。

纳米人造器官

纳米耳朵能听到细胞的声音

科学家根据人耳的结构和原理认识到静纤毛是一个很关键的部件，所以采用碳纳米管制成静纤毛，作为纳米耳的主要部件。这种纳米耳对声音的灵敏度比人耳要高许多，而且经久耐用，它的体积很小可以注射到人的血管里听到细胞的声音，找出病变的细胞，从而可进行有效的治疗。

纳米眼球——让盲人重见光明

人最大的不幸是双目失明看不到大自然的美丽，青山绿水、蓝天白云、花红月明对盲人来说只是一片黑暗。科学家为了让盲人可以看到这个美丽的物质世界，曾经用狗眼、玻璃眼球或高分子聚合物做成人工眼球装入盲人眼中。虽然这让人们能看到周围的一切了，但因为人体的排异反应，使人们不能适应而感到很不舒服。现在有了纳米陶瓷这种新材料，成为人造眼球外壳的最好选择。这种纳米陶瓷质地坚固又有韧性，能与人眼的肌肉很好地融合并且没有排异反应。眼球内装有微型摄像机、电脑芯片，将影像信号转换成电脉冲刺激视网膜神经传输给大脑，让盲人看到周围的物体，得以重见光明。

能识别毒气的纳米鼻

美国加州大学研究人员研制出一种称为硅鼻的纳米鼻，就像我们的鼻子一样能辨别出不同气味的各种物质。这种纳米鼻能用于矿井中检测一氧化碳和瓦斯毒气，消防人员也能利用这种纳米鼻防止火灾中的一氧化碳中毒。意大利科学家研究出一种纳米电子鼻，可以嗅出人体各种疾病不同的气味，从而可以诊断疾病。这种纳米鼻还可以用于肉食品、蔬菜、水果等食品的检测，从而得知它们的新鲜程度。

人造红细胞

　　人类不停地进行呼吸使肺获得的氧气由红细胞通过血液循环输送到大脑和全身脏器。如果心脏出了故障，红细胞不能及时输送氧气，脑细胞在6～8分钟内就会缺氧坏死。科学家利用超小型纳米泵制成一种人造红细胞，当人的心脏意外停止跳动的时候，医生可以将人造红细胞输入人体，供给人体各器官需要的氧气，以维持生命体征。

人造纳米胰脏

　　目前糖尿病患者是通过注射胰岛素进行治疗，并控制病情发展的。胰岛素是由胰脏的胰岛细胞生成的一种蛋白质。波士顿大学的德赛博士将老鼠的胰腺细胞装入一种布满纳米孔的膜中，当血液里的葡萄糖分子通过纳米孔渗透进来时，胰岛细胞就释放胰岛素。微孔只能让葡萄糖分子和胰岛素通过，而相对较大的抗体分子都不能通过，这样胰岛细胞就被保护起来不被破坏。这种人造纳米胰脏将来有望被糖尿病患者使用，这样他们就不用每天注射胰岛素了。

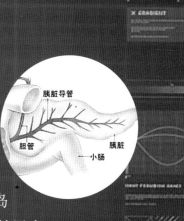

纳米仿生

　　人类生活在大自然中，每时每刻都接触到各种动物和植物，人们在认识的过程中会受到很多启发。

　　看到鸟类展翅在天空翱翔，人们就在想要是能长上翅膀像鸟一样在天空自由飞翔该多好啊！科学家研究发现，鸟能够飞翔是由于空气的浮力加上鸟的高速展翅，从而产生空气动力，于是就模仿鸟类发明了飞机。鱼能在水中自由地游来游去，不会沉下去，是因为水有浮力，于是人们模仿鱼在水中的活动研究制造出船、潜水艇等。

　　人们很早就知道模仿生物的功能进行发明创造。比如在古代，鲁班上山砍柴时被长有锯齿的植物叶子划破手，他受到启发发明了锯子。

　　纳米科技的诞生给仿生学插上了翅膀，揭开了纳米级生物界的

奥秘：科学家仔细研究了鸟类和鱼类体内具有导航性能的磁性微粒；军事科研人员研究苍蝇的高速飞行和灵活性，花了4年时间研制出一种纳米机器苍蝇，翅膀只有10毫米长，3毫米宽，5微米厚，每秒钟可以扇动150次，采用超微型涡轮喷气发动机，这种纳米机器苍蝇体内装有各种微型传感器和微型摄像机，可以完成各种情报的搜集工作并将有关信息传到指挥部；美国的科研人员还研究蚂蚁为什么可以举起比自身重量大数倍的物质，模仿蚂蚁的这种特性研制出一种微型火箭，可以用来发射小卫星，它的体积很小仅有半个火柴盒那么大，可是它的推力是大火箭的几百倍，比航天飞机的推力还大。

纳米机器人

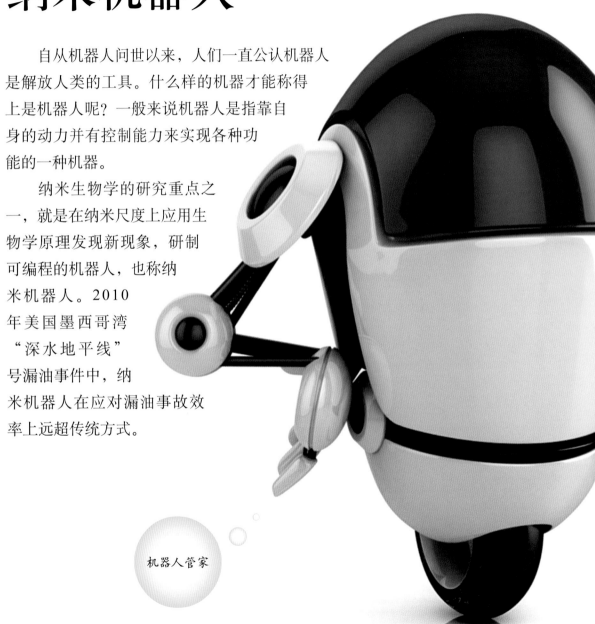

    自从机器人问世以来，人们一直公认机器人是解放人类的工具。什么样的机器才能称得上是机器人呢？一般来说机器人是指靠自身的动力并有控制能力来实现各种功能的一种机器。

    纳米生物学的研究重点之一，就是在纳米尺度上应用生物学原理发现新现象，研制可编程的机器人，也称纳米机器人。2010年美国墨西哥湾"深水地平线"号漏油事件中，纳米机器人在应对漏油事故效率上远超传统方式。

机器人管家

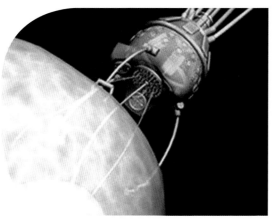

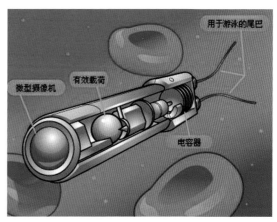

用于游泳的尾巴

微型摄像机　有效载荷

电容器

基因靶向纳米机器人　　　　　　　　可杀死肿瘤细胞的纳米机器人

纳米机器人可以精确杀死癌细胞，疏通血栓，清除动脉内的脂肪沉积，清洁伤口等。以色列科学家目前研制了一种微型纳米机器人，它可以在人体内"巡逻"，在锁定病灶时自动释放所携带的药物。

当你感冒时，医生不用给你打针吃药，而是给你在血液里植入纳米机器人，这种机器人在体内探测感冒病毒的源头，并到达病毒所在处，直接释放药物杀灭病毒。

我国中科院沈阳自动化研究所成功研制了一台纳米微操作的机器人系统样机，可在纳米尺度上切割细胞染色体。这种机器人在很多性能方面处于世界先进水平。

微型纳米机器人未来或将成为治癌的主力。我国著名学者周海中教授1990年发表文章预言，到21世纪中叶，纳米机器人将彻底改变人类的劳动和生活方式。用不了多久，分子大小的纳米机器人将源源不断地进入人类的日常生活。

世界上最小的
纳米器具

世界上最小的纳米秤

1999年，巴西和美国的两位教授在进行碳纳米管的强度和柔韧性实验时，先将电流通入碳纳米管，再观察碳纳米管的振动频率，由此计算出碳纳米管的强度和柔韧性。后来他们重复实验时，发现随着碳纳米管顶端重量的变化，碳纳米管的振动频率也会发生变化，由此研制出了世界上最小的纳米秤。纳米秤能称出一个病毒的重量，人们利用它可以发现新病毒。

不过德国科学家很快打破了上述两位教授的纪录，他们研制出的纳米秤可以称出一个原子的重量，即10^{-10}克。

世界上最小的温度计

2001年1月德国卡塞尔大学的研究人员利用纳米技术研制出世界上最小的温度计。这支温度计的直径只有头发丝直径的千分之一，能测出1纳米空间中千分之一摄氏度的温度变化。这一发明为纳米尺度温度传感器的研制打下了基础。

多用途的纳米镊子

美国哈佛大学的研究人员研制出一把纳米镊子，它能够夹起一个直径500纳米的原子团，它可以操控生物细胞进行纳米级的显微外科手术。

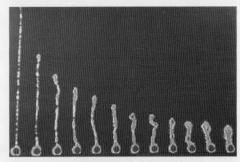

激光镊子操纵单个DNA分子

神奇的纳米探针

纳米探针是一种微型传感器，它能够探测单个活细胞的化学物质，最有效地阻止细胞内致病蛋白的活动等。研究人员研制出聪明的纳米医学探针，可以全程跟踪癌细胞的转移过程，帮助医生进一步探索癌变发生转移机制。如果将这种探针携带上治疗肿瘤的药物，它就可以跟踪肿瘤并杀死它。这种探针的发明为治疗肿瘤开辟了一条新思路，现在已采用这种探针快速捕捉乳腺癌、子宫颈癌、肺癌等不同的肿瘤细胞，给癌症患者带来福音，为人类的健康和长寿做出重要贡献。

纳米微粒探测器——地质工作者的眼睛

地质人员传统探矿通常采用钻探的方法，即用钻机往地下钻几十米到几百米，取出岩心进行化学分析，根据分析结果确定矿产的品位。这样的方法很费时费工，成本也比较高，而且都不能很快探测出地下矿产的种类和储量。现在科学家发明一种纳米微粒探测器，可以在地表直接测出地下矿产种类，这是因为地下矿产的纳米微粒有很强的穿透能力，可以从地下穿透到地表。纳米探测器就好比是地质工作者的眼睛。

纳米武器创奇迹

　　自从有了人类历史的记载就有了战争历史的记载，人类的战争史按照武器的发展变化可以分为四个时代：冷兵器时代、热兵器时代、高科技兵器时代和纳米武器时代。未来的战争将会进入纳米武器时代，纳米科技的发展将给未来战争带来一场革命。

　　以往的战争都是以大压小，如大炮、大军舰、大坦克、大飞机、大航母等武器装备，战场大、财力耗费大、战争双方损失大。而未来的战争恰恰相反，是以小为特点，如麻雀卫星、苍蝇飞机、蚊子导弹、蚂蚁工兵、小草间谍等武器装备，兵器小、数量多、威力大、功能多，以小胜大，小鱼可以吃掉大鱼，消耗的物资少，造成的损失小，战争发动快但结束也快。

现代兵器的隐形技术就是采用高新技术和新材料加上精心设计来达到"隐形"的目的。在现代战争中军事家有这样一句箴言"被发现等于被消灭"，因此武器研究人员对隐形技术的研究都非常重视。

新型的纳米隐身衣，有四种颜色的变形图案，是由计算机对沙漠、岩石、丛林作背景经过复杂的计算模拟出来的，无论是在白天还是夜晚，以及春夏秋冬四季，都能将士兵和环境融为一体，不仅对可见光起到隐形作用，对红外线也能起到隐形作用。

纳米的未来

如果说20世纪微电子技术是科技制高点的话，那么在21世纪纳米无疑是最亮丽的新星。从费曼预言至今的半个世纪的时间里，纳米科学从正式诞生到迅速发展，纳米技术已经从一株幼苗长成一棵枝叶繁茂的小树，再有20～30年纳米技术就会长成一棵硕果累累的参天大树。我们人类将进入真正的神奇美妙的纳米世界，人们的衣食住行都会发生巨大的变化，人们不再依赖天然矿产资源而生存，不再靠天吃饭，会有人工合成的淀粉、蛋白质等生存所需的物质。威胁人类生命的心脑血管疾病、癌症等不治之症都会找到有效的治疗方法。自然环境也会得到更有效的治理，天会更蓝，水会更绿，人类的生活会更美好。人类将生活在一个全新的纳米世界。

未来，纳米科技还将更加快速地发展，它将给我们的生活带来更多的变化。

比如在环境和能源领域，发展绿色能源和环境处理技术，来减少污染或者恢复被破坏的环境。利用纳米技术可以除去水中直径小于200nm的污染物，以及空气中直径小于20nm的污染物。

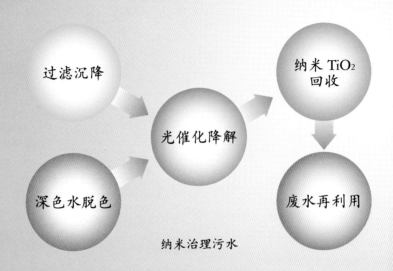

纳米治理污水

澳大利亚新南威尔士大学（UNSW）化学家合成了一种新型氧化铁纳米粒子，不仅能向细胞递送抗癌药物，而且药物的释放能被实时监控。研究人员称，这是纳米诊断与治疗领域的一项重要进步。掌握了纳米粒子所递送的抗癌药是怎样释放的，以及它对细胞和周围组织的影响，未来医生就能调整剂量来实现药物的最佳疗效。

通常，药物释放实验只是在实验室中模拟，而不是在细胞中。这一点很重要，只有用细胞才能确定在真正的生物环境中药物释放的动力情况。未来这一研究将进入活体应用。

新纳米粒子可将抗癌药注入细胞

纳米蜂鸟侦察机器人

那么在航天和航空领域，同样可将器件做得非常之小，不仅减小体积，也能降低能耗，因为很多航天的器件、航空的器件需要太阳能电池提供能源，耗能越少就会增加航天器的有效载荷，成指数倍的降低耗能指标。美国NASA（国家航空航天局）认为若航天器采用纳米材料，发射费用可以从目前的每磅一万美元降至二百美元，并且其制造成本也将降至6万美元左右，其体积显著减小。

纳米科技对于维护国家安全的重要性，从当前的微电子技术对信息战的影响就可见一斑，所以纳米科技的发展会给未来战争带来比目前微电子技术更大的影响。从战场上的大容量信息，包括数据图像的实时传递、战争的指挥、导弹的预警、核武器的防护，到纳米技术制造的微型侦查装置等，都会对国家安全产生非常重要的影响。

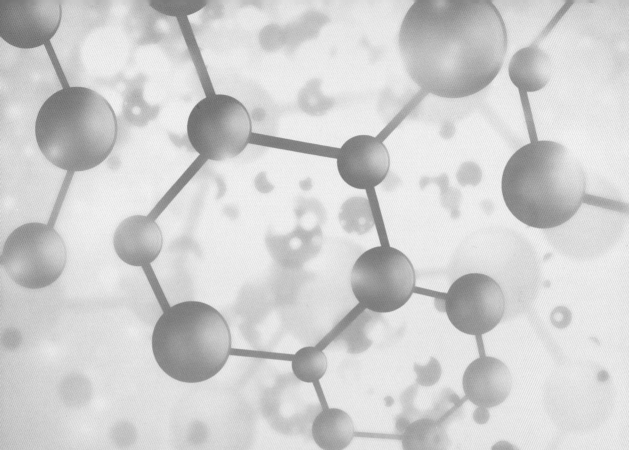

　　科技发展是一把双刃剑，在促进经济发展和人类生活水平提高的同时，常常也会带来对生态环境的负面影响。纳米技术是一门新兴的科学技术，科技界对它的研究还刚刚起步，如从生产工艺到包装运输，采取了什么样的安全措施？环境监督部门对纳米物质的检测水平和标准是如何制定的？这些都是人们所担忧的问题。我们的科学家们已经认真研究相关的影响，努力使纳米科技走上一条健康快速发展之路。

　　青少年朋友们，国家的未来要靠你们去创造，而这神奇又无所不在的纳米世界的奥秘将由你们去深入揭开。对待纳米科技，要使之良性发展并积极消除其不良影响，使纳米先进技术为我们所用，同时要吸取历史教训，防患于未然，这才是真正有利于人类发展的纳米科技。

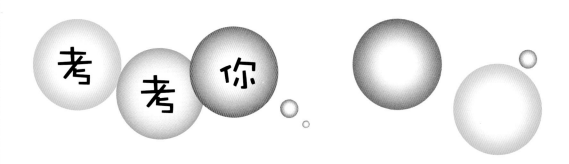

一、判断题

1、纳米是组成物质的很微小的颗粒，因为这种物质太微小所以不易被人类发现。 （　）

2、候鸟、大雁、燕子冬天来临之前会飞往温暖的南方，到了春暖花开的季节再回到故里，不会迷失方向，因为它们有很好的视觉能看到地面的地貌特征，所以不会迷失方向。 （　）

3、隐形飞机因为在机身上涂刷了常规的黑色油漆，所以雷达测不到它，起到了隐形的作用。 （　）

4、1959年12月美国的物理学家在加州理工学院召开的物理学会会议上作了一次富有想象力的演说：《最底层大有发展空间》，他说："如果我们能够一个一个操控原子将会出现什么奇迹？"这位纳米技术的预言家是爱因斯坦。 （　）

二、选择题

1、纳米技术的概念首先是由美国的未来学家（　）提出的，是调动原子组装的物质，他被人们誉为展望未来的科学巫师的绰号。

　　A. 费曼　　　　　　　B. 格莱特　　　　　　C. 德莱克斯勒

2、世界第一届纳米科学技术大会于1990年在美国的城市（　）召开，标志着纳米科学技术正式诞生了。

　　A. 纽约　　　　　　　B. 巴尔的摩　　　　　C. 芝加哥

3、纳米是一种很小很小的长度单位，1纳米相当于一根头发丝直径的万分之一，相当于一个（　　）的大小。

A. 氢原子 　　　　　　B. 水分子 　　　　　　C. 红细胞

4、纳米纺织品、纳米领带、纳米国旗跟普通纺织品相比具有（　　）的特点。

A. 防寒不褪色 　　　　B. 价廉耐穿 　　　　　C. 疏油疏水防紫外线

5、近代科学研究史上称为三大计划的是：造原子弹的曼哈顿计划、阿波罗登月计划和（　　）。

A. 上月球的天梯计划 　　B. 微型机器人计划 　　C. 人类基因破译计划

三、问答题

1、纳米技术与现代各种高新技术相结合而产生了纳米材料学、纳米生物学、纳米医学、纳米国防、纳米电子学、纳米机械学、纳米物理学、纳米化学和纳米测量学等，你最感兴趣的是什么学科？

2、纳米技术将会给人类的生活带来什么变化？

答案：

一、判断题

1、× 2、× 3、× 4、×

二、选择题

1、C 2、B 3、B 4、C 5、C

图书在版编目（CIP）数据

纳米科学 / 韦传和编写. —上海：华东理工大学出版社，2015.8
（"纳米改变世界"青少年科普丛书）
ISBN 978-7-5628-4222-4

Ⅰ．①纳… Ⅱ．①韦… Ⅲ．①纳米技术-青少年读物 Ⅳ．①TB383-49

中国版本图书馆CIP 数据核字（2015）第174102号

"纳米改变世界"青少年科普丛书

纳米科学

编　　写	韦传和
责任编辑	马夫娇
责任校对	金慧娟
装帧设计	肖祥德

出版发行　华东理工大学出版社有限公司
　　　　　地址：上海市梅陇路130号，200237
　　　　　电话：(021) 64250306（营销部）
　　　　　　　　(021) 64251137（编辑室）
　　　　　传真：(021) 64252707
　　　　　网址：press.ecust.edu.cn

印　　刷	常熟市华顺印刷有限公司
开　　本	889mm×1194mm　1/24
印　　张	2
字　　数	42千字
版　　次	2015年8月第1版
印　　次	2015年8月第1次
书　　号	ISBN 978-7-5628-4222-4
定　　价	19.80元

联系我们　电子邮箱：press@ecust.edu.cn
　　　　　官方微博：e.weibo.com/ecustpress
　　　　　天猫旗舰店：http://hdlgdxcbs.tmall.com

"纳米改变世界"
青少年科普丛书编委会

主　编　陈积芳

副主编　戴元超

执行主编　娄志刚

编委会成员（以姓氏笔画为序）

王建新　韦传和　朱鋆
李聪　吴沅　吴猛
沙先谊　沈顺　张奇志
张晓平　陈积芳　庞志清
施鹤群　娄志刚　蒋晨
戴元超　魏刚

因青少年科普图书题材的特殊性，需要引用大量图片以供青少年读者学习。本书编委会虽经多方努力，直到本书付印之际，仍未联系到部分图片的版权人，本书编委会恳请相关图片版权人在见书之后尽快来电来函，以便呈寄样书及稿费。